LA ESTUFA MAYA PETÉN

Diseño y construcción de una estufa de leña para cocinar

Primera Edición

Marzo 2014

Oliver Style

Appropriate Technology

La Estufa Maya Petén

Diseño y construcción de una estufa de leña para cocinar

Primera Edición.

Publicaciones ITACA Appropriate Technology

Barcelona, España.

Marzo 2014.

ISBN: 978-84-616-7510-4

Maquetación: Richard Grove

Revisión: Carles Bargalló

Depósito Legal: B 4102-2014

Appropriate Technology

ITⱮCA
Appropriate Technology

Dedicado a Silvestre Sales y el equipo de Salud Ambiental-Maya Petén, y Carles Yépez, Silvia Quilumbango y Gustavo León en Intag, Ecuador.

Gracias a Marianne Loewe, Dennis Garvey, John Straw, Cat Quinn, Richard Grove, Carles Bargalló, y todo el equipo de Concern America.

Esta publicación ha sido posible gracias a la ONG Concern America.

ÍNDICE

1 Introducción

Alrededor de 2600 millones de personas en el mundo dependen de la biomasa para cocinar en el hogar. La biomasa refiere a combustibles de origen orgánico, tal como la leña, el carbón, el estiércol o los residuos forestales. La quema de biomasa es una práctica que sigue existiendo desde que los seres humanos logramos dominar el fuego hace unos 400.000 años. Hoy representa un 7% de la demanda mundial bruta de energía.

La biomasa ofrece una fuente de energía accesible y de bajo coste comparado con fuentes de energía como el gas o la electricidad. Dependiendo de su explotación y transformación en combustible, la biomasa puede llegar a ser una fuente renovable de energía, casi inagotable y capaz de regenerarse por medios naturales. Sin embargo, es importante mejorar el proceso de combustión en una estufa, prestando atención a su diseño para que consuma menos combustible. Esto nos ofrece las siguientes ventajas:

✓ Reduce la cantidad de trabajo que tenemos que hacer para recoger combustible

✓ Reduce la emisión de gases nocivos dentro de nuestro hogar

✓ Mejora nuestras condiciones de salud

✓ Es más seguro ya que reduce el peligro de quemaduras

✓ Ayuda a reducir los efectos de la talla de árboles y la deforestación

Este manual es una guía básica en el diseño y la construcción de la cocina eficiente de leña "Maya Petén". El diseño es fruto de más de 10 años de trabajo del equipo de Salud Ambiental Maya Petén en el norte de Guatemala, con la ONG Concern America. Posteriormente se implementó en la zona de Intag, Ecuador. En una evaluación de las estufas realizada en el año 2011, se encontró que estas estufas ahorraban un 35 % de leña en comparación con un fuego abierto a tres piedras.

Aquí encontrarás la siguiente información:

➢ **Capítulo 1** introduce el contexto general del uso de la biomasa como fuente de energía y el esquema de la estufa Maya Petén.

➢ **Capítulo 2** trata los principios básicos de la transferencia de calor en una estufa y los materiales más adecuados.

➢ **Capítulo 3** presenta los componentes, materiales y costes de la estufa Maya Petén.

➢ **Capítulo 4** presenta los conceptos de diseño y los pasos de la construcción.

➢ **Capítulo 5** contiene información acerca del uso, mantenimiento, y ensayo de eficiencia térmica de la estufa.

➢ **Capítulo 6** incluye una Bibliografía si quieres profundizar en el tema.

1.1   LA BIOMASA Y UNA POBLACIÓN CRECIENTE

Cuando los humanos empezamos a quemar leña para cocinar, éramos muchas menos personas en el mundo y existían en aquellos tiempos grandes extensiones de bosques donde podíamos encontrar leña. La Figura 1 muestra el crecimiento de la población mundial en los últimos 1000 años.

Figura 1: Crecimiento de la población mundial 1000 - 2011

Somos, entonces, cada vez más personas consumiendo cada vez más combustible para cocinar. La Tabla 1 muestra una estimación de la cantidad de personas en el mundo que depende de la biomasa como fuente de energía principal para cocinar, y las previsiones para el futuro, basado en datos de la Agencia Internacional de Energía (IEA).

	2004 (millones)	2015 (millones)	2030 (millones)
África	579	632	725
Asia	1865	1922	1917
América Latina	83	86	85
TOTAL	2528	2640	2727
% de aumento sobre base 2004	-	4 %	8 %

Tabla 1: Personas dependientes de la biomasa como fuente de energía para cocinar, 2004

La causa principal de la deforestación en países en vías de desarrollo sigue siendo la implantación de la agricultura intensiva, la ganadería, y la maderería. No obstante, la quema de leña, carbón, residuos forestales i estiércol para cocinar, tiene un impacto negativo sobre el medioambiente y agrava una situación ya crítica en muchas zonas.

Figura 2: El fuego abierto a tres piedras (cortesía de Silvestre Sales)

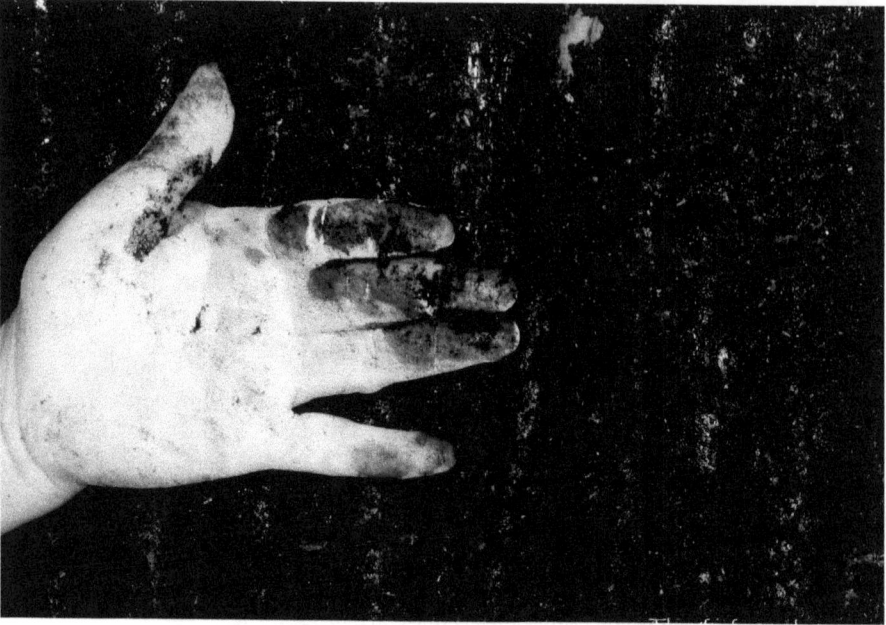

Figura 3: **Depósitos de hollín de un fuego abierto** (cortesía de Silvestre Sales)

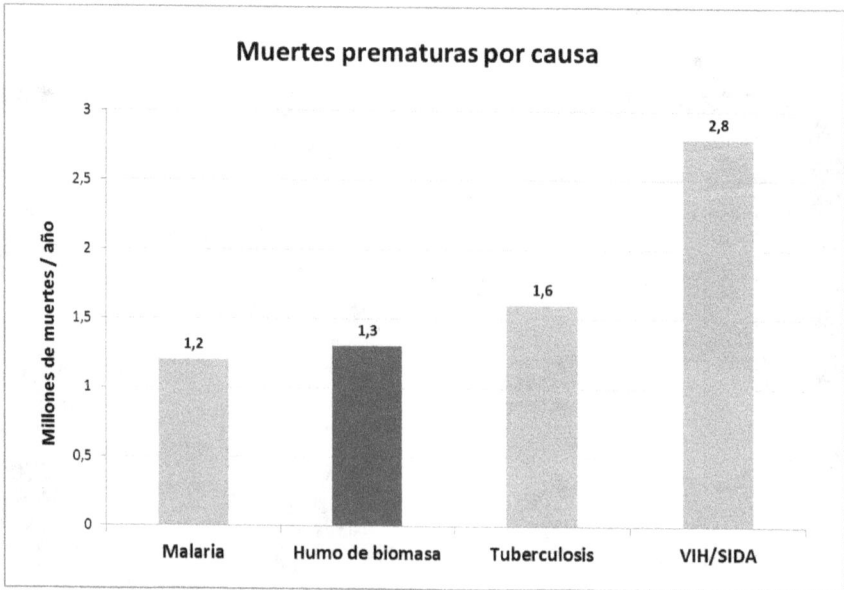

Figura 4: Muertes prematuras mundiales al año, por causa

1.2 ¡RESPIRA!

En el 2010, se realizó un estudio bajo el programa RESPIRE (*Randomized Exposure Study of Pollution Indoors and Respiratory Effects*) sobre el efecto de los gases contaminantes producidos por la quema de biomasa en los países en vías de desarrollo. El estudio indica que la cantidad de humo que respira un bebe de un fuego abierto a diario equivale a fumar 3-5 cigarrillos al día. La Figura 2 muestra un fuego abierto típico a tres piedras: fácil y rápido de montar, pero produce mucho humo en la cocina es incómodo para l@s usuari@s. La Figura 3 muestra los depósitos de hollín en el techo de una casa con un fuego abierto: ¡imagínate estos depósitos en los pulmones de las personas!

La quema de biomasa a fuego abierto provoca la emisión de gases que contienen una gran cantidad de químicos nocivos para la salud humana, tal y como el monóxido de carbono, formaldehído, benzopireno, hidrocarburos y una gran cantidad de compuestos tóxicos y cancerígenos. Estos químicos provocan enfermedades respiratorias: neumonía, bronquitis, mortalidad infantil, y bajo peso en el recién nacido. La IEA estima que el humo de la quema de biomasa en el hogar provoca la muerte prematura de 1.3 millones de personas al año (Figura 4), más que la malaria - paludismo.

1.3 ESQUEMA DE LA ESTUFA MAYA PETÉN

La Figura 5 muestra un esquema de la estufa Maya Petén. El diseño de la estufa es una variante de la estufa "Doña Justa", la estufa Aprovecho, la estufa "cohete" de plancha y la estufa ONIL de plancha. Consiste en lo siguiente:

➢ Paredes exteriores: sirven como base y cuerpo para la estufa. Se pueden construir de diversos materiales: bloques de cemento, ladrillos, adobes o bloques de tierra compactada

➢ Cámara de combustión: aquí es donde se quema la leña. La cámara conduce el calor hacia una plancha, sobre la cual se cocinan los alimentos. La cámara está envuelta con un material aislante para reducir la pérdida de calor hacía las paredes exteriores. Para permitir un paso de aire por debajo de los troncos y tener una combustión más eficiente, se coloca una parrilla en el suelo de la cámara.

➢ Plancha: pieza metálica que conduce el calor del fuego a los alimentos.

➢ Chimenea: la chimenea conduce los gases de combustión fuera de la cocina.

➢ Tapón: permite la recogida de hollín, facilitando la limpieza de la chimenea.

La Figura 7 muestra una estufa Maya Petén construida.

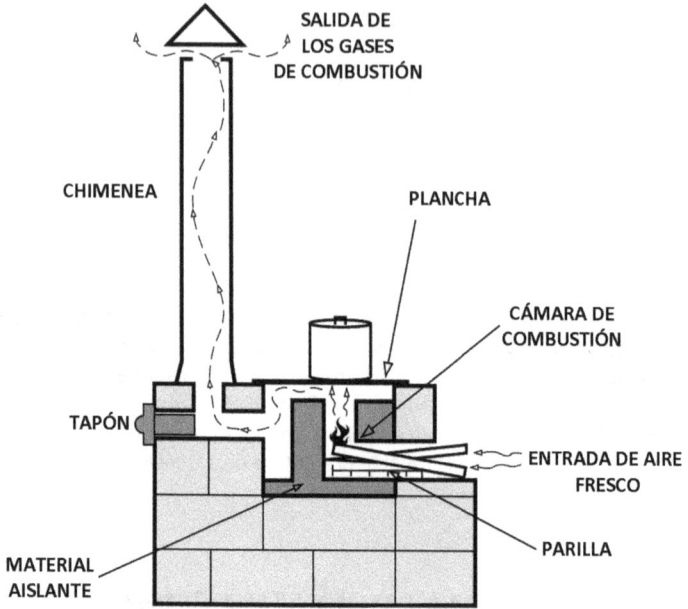

SALIDA DE
LOS GASES
DE COMBUSTIÓN

CHIMENEA

PLANCHA

CÁMARA DE
COMBUSTIÓN

TAPÓN

ENTRADA DE AIRE
FRESCO

MATERIAL
AISLANTE

PARILLA

Figura 5: Esquema de la estufa Maya Petén

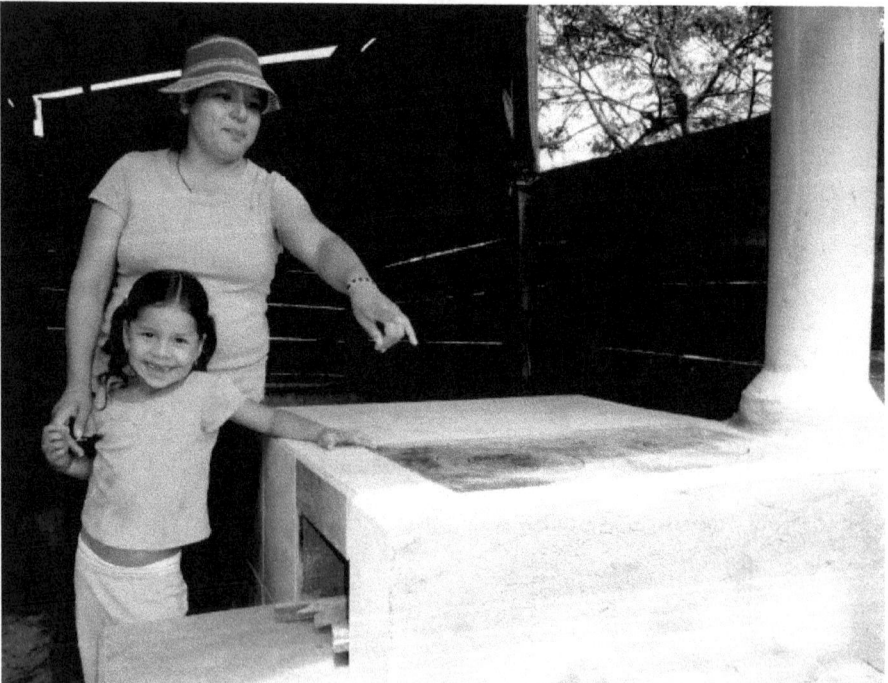

Figura 6: Una estufa Maya Petén después de la construcción

1.4   PLANIFICACIÓN

Los siguientes puntos recogen las recomendaciones generales para la construcción de una estufa de leña:

➢ **Sencillez, flexibilidad de diseño y conocimiento local:** este manual presenta un tipo de diseño de estufa, adaptado a las necesidades de l@s habitantes en la zona norte de Guatemala. En otras zonas, será necesario adaptar el diseño para que responda a las necesidades y costumbres locales. Procura involucrar a l@s usuari@s finales en el diseño de la estufa para que el resultado tenga mayores probabilidades de aceptación. Sigue los principios de diseño presentados aquí y busca la solución técnica más sencilla, económica, apropiada y duradera.

➢ **Planificación:** dedica tiempo suficiente a la planificación de tu proyecto y tendrá más probabilidades de éxito. Si vas a construir una gran cantidad de estufas, convoca reuniones con el equipo constructor y/o l@s usuari@s finales para acordar el proceso de construcción. Con mayor volumen, la producción en serie y la pre-fabricación ofrecen ventajas en cuanto a costes y calidad.

➢ **Formación:** es importante que los usuarios reciben una formación básica en el uso y mantenimiento de la estufa, para que tenga una larga vida útil.

➢ **Evaluación y ensayo térmico:** realiza una evaluación de las estufas un año después de su construcción. También, programa un ensayo de eficiencia térmica justo después de la construcción y junto con la evaluación, 1 año después.

La Figura 7 ofrece un diagrama de flujo para la planificación de un proyecto de estufas:

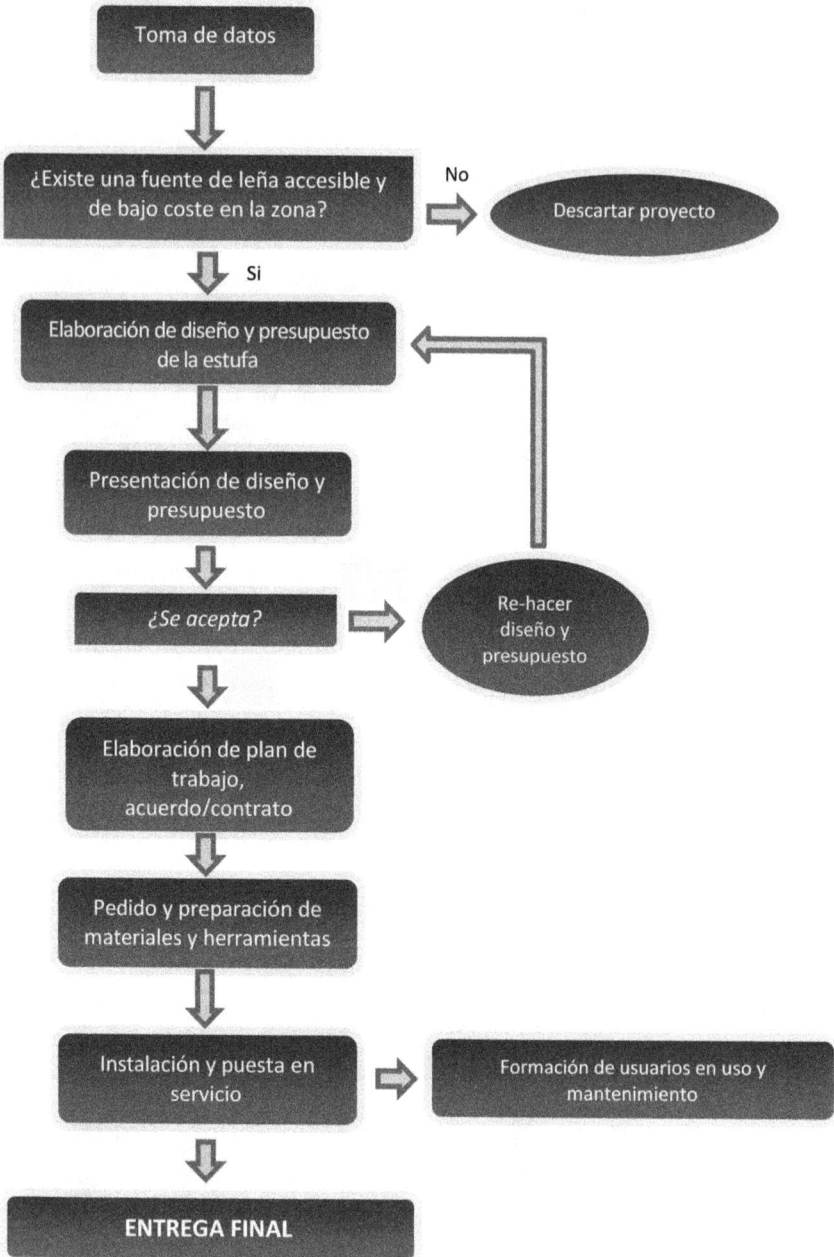

Figura 7: Diagrama de flujo para la ejecución de un proyecto de estufas

2 EL CALOR Y LOS MATERIALES

Antes de presentar el diseño de la estufa Maya Petén, daremos un repaso por los principios básicos de la transferencia de calor y las propiedades térmicas de los materiales en una estufa. Tener un entendimiento básico de estos conceptos te ayudará en el diseño de tu estufa.

Teóricamente, se necesitan unos 18 gramos de leña para cocinar 1 kilogramo de arroz. En la práctica, aún en una estufa bastante eficiente, se necesita alrededor de 160 gramos de leña para cocinar el arroz. ¿Por qué 8 veces más? La respuesta se encuentra en que se "pierde" mucho calor en el camino desde el fuego hasta la olla. Hay 3 procesos de transferencia de calor en acción aquí:

➢ **Conducción e inercia térmica:** la transferencia de calor por el contacto directo entre dos materiales, o a través de un solo material. Aquí también entra en juego otro proceso que se llama la *inercia térmica*, que es la propiedad de un material de absorber y ceder calor.

➢ **Convección:** la transferencia de calor por intermedio de un fluido (aire y/o agua).

➢ **Radiación:** la transferencia de calor en forma de ondas electromagnéticas a través del aire.

La evaporación también es un factor a tomar en cuenta. A continuación veremos de qué se trata cada uno.

2.1 CONDUCCIÓN E INERCIA TÉRMICA

Si enciendo un fuego y pongo una olla metálica encima de las llamas, las partículas de la olla en contacto con el fuego empiezan a vibrar. Gradualmente las partículas en el resto de la olla empiecen a vibrar con mayor intensidad, haciendo que la temperatura de la olla suba.

Figura 8: Transferencia de calor por conducción

Esto se debe a la transferencia de calor por *conducción*. Llega un momento en que, si intentas levantar la tapa sin un trapo, te quemarás porque el metal de la olla ha *conducido* el calor desde el fuego hasta la tapa (Figura 8).

Si la olla fuera de barro o de cerámica, la temperatura de la tapa será más baja y probablemente seremos capaces de levantarla sin quemarnos. Esto se debe a que la cerámica como material *conduce* menos calor que el metal. Diferentes materiales tienen distintas propiedades de *conductividad térmica*.

Esto es importante en nuestra estufa, porque nos permite seleccionar los materiales que mejor se adapten a lo que necesitamos: podemos reducir el calor que perdemos por las paredes de la estufa aislando la cámara de combustión usando un material con una conductividad baja (ceniza o piedra pómez, por ejemplo). De manera inversa, podemos maximizar el calor que pasa del fuego a la comida usando un material con una alta conductividad (el metal, por ejemplo).

La transferencia de calor por conducción la podemos medir, sabiendo la conductividad térmica de un material. La Tabla 2 muestra la conductividad de los materiales que usamos típicamente en una estufa Maya Petén.

Relacionado con la transferencia de calor por conducción, encontramos otro proceso en acción: la capacidad de un material de almacenar y ceder calor, su *capacidad calorífica*, o *inercia térmica*. Un material con una alta inercia térmica, expuesto a una fuente de calor, actúa como un depósito de agua: en algunos momentos almacena agua y en otros la libera. Con el calor en un material pasa algo parecido. La inercia térmica de un material depende de su densidad, su calor específico y su conductividad térmica. La Tabla 2 muestra estas tres propiedades en los materiales que usamos típicamente en una estufa Maya Petén.

Si construyo una estufa con una cámara de combustión envuelta en tierra, la tierra absorbe y almacena bastante calor del fuego. Esto quiere decir que al encender mi estufa en la mañana, tendré que quemar bastante leña y esperar hasta que se cocine la comida, ya que, por la alta inercia térmica de la tierra, mi estufa tarda tiempo en calentarse. En cambio, si aíslo alrededor de la cámara con un material como la ceniza o la piedra pómez, mi estufa tardará menos tiempo en calentarse, usaré menos leña y podre cocinar más rápido.

Una queja frecuente de l@s usuari@s de las estufas mejoradas es que tardan demasiado tiempo en calentarse. Esto suele pasar porque no se toma en cuenta la conductividad e inercia térmica de los materiales que se usa en el diseño y construcción de la estufa.

¿Cómo puedo manejar la conducción de calor y la inercia térmica en mi estufa?

➤ Encima de la cámara de combustión, por donde salen las llamas, usaré un material con una alta conductividad térmica, tal y como el acero. El acero asegura que el calor del fuego se transfiere rápidamente a la comida que estoy preparando. El acero es un buen material para la plancha.

➤ En cambio, alrededor del fuego, quiero que el calor no se me escape por las paredes de la cámara de combustión. Aquí necesito un material con una baja conductividad. La ceniza, la pumita o la piedra pómez son buenos materiales aislantes, ya que no conducen muy bien el calor. Un material aislante es ligero y lleno de aire, actuando como un abrigo para que no se pierda calor por las paredes de la estufa. La cámara de combustión no debería de estar en contacto con tierra, piedra, arena, grava o concreto, porque no son materiales aislantes.

➤ Aconsejaré a l@s usuari@s de usar ollas de metal y no de cerámica, ya que calentarán con mayor rapidez.

MATERIAL	CONDUCTIVIDAD TÉRMICA λ (W/m.K)	DENSIDAD (kg/m³)	CALOR ESPECÍFICO (J/kg.K)
Aluminio	230.0	2700	880
Acero	45.0	7800	450
Hormigón / concreto	2.0	1920	1000
Tierra	1.3	1400	1000
Bloque de adobe	1.1	1800	880
Mortero de cemento o cal	1.0	1890	1000
Ladrillo	0.9	2400	840
Baldosa de cerámica	0.8	1800	800
Bloque de cemento	0.5	1460	1000
Grava	0.4	1840	840
Ceniza	0.2	400	650
Pumita (piedra pómez)	0.1	200	1000

Tabla 2: Conductividad térmica, densidad y calor específico de distintos materiales para la construcción de una estufa

Figura 9: Transferencia de calor por convección

2.2 CONVECCIÓN

Si quito la olla del fuego, y pongo la palma de la mano a una cierta distancia encima del fuego, siento la transferencia de calor por *convección*. Las partículas del aire justo encima de las llamas empiezan a vibrar, su densidad disminuye en comparación con el aire más frio alrededor, y suben (Figura 9). Si mantengo la mano demasiado tiempo encima de las llamas, empezará a tener el aspecto de una hamburguesa y probablemente empezaré a gritar...

La transferencia de calor por convección es la más importante en una estufa, porque es principalmente a través de este mecanismo que logramos mover el calor de un lugar a otro en la estufa: por medio del aire, o los gases de combustión. El fuego abierto de tres piedras que vimos en la Figura 2, es ineficiente porque el calor se transfiere por convección de manera muy repartida: solo una pequeña parte llega al comal donde se están preparando las tortillas.

En cambio, en la estufa Maya Petén de la Figura 5, la convección está controlada de mejor manera, porque los gases de combustión se canalizan hacia la olla y se pierde menos calor hacia el exterior. El fuego dentro de la cámara de combustión calienta el aire y genera un efecto succionador, en donde el aire fresco entra por la boca de la cámara e inicia su recorrido por la estufa, saliendo por la chimenea. Durante este recorrido, los gases de combustión transportan el calor hacía la comida que estamos preparando.

¿Cómo manejo mejor la convección de calor en mi estufa?

➢ Tengo que asegurar que, dentro de lo posible, el área seccional desde la boca de la cámara de combustión hasta la salida por la chimenea sea constante.

➢ Esto favorece una velocidad más constante de los gases de combustión en su recorrido por la estufa, mejorando su rendimiento y reduciendo las pérdidas energéticas.

Figura 10: Transferencia de calor por radiación

2.3 RADIACIÓN

La *radiación* es la transferencia de calor en forma de ondas electromagnéticas o partículas subatómicas, a través del aire (o de un vacío). Es decir, si pongo la mano a un lado del fuego, siento la transferencia de calor por *radiación*. Las llamas del fuego hacen vibrar a los electrones en el aire y crean ondas electromagnéticas. Cuando estas ondas llegan a mi mano, entregan energía térmica y siento calor (Figura 10). Este proceso es el mismo que nos da una sensación de calor cuando nos ponemos al sol. ¿Cómo manejo mejor la radiación de calor en mi estufa?

➢ Asegurando que el diseño de la plancha permita cerrar las aperturas cuando no hay una olla encima. Esto impedirá que el calor radiante se nos escape.

2.4 EVAPORACIÓN

Este fenómeno no tiene propiamente que ver con el diseño de la estufa. Sin embargo, vale la pena tomarlo en cuenta. La evaporación es un proceso físico que consiste en la transformación de un estado líquido a un estado gaseoso (llamado *cambio de fase*). Si pongo una olla llena de agua encima del fuego, cuando la temperatura del agua supera los 100ºC, las partículas contienen suficiente energía para convertirse de un estado líquido a un estado gaseoso, es decir, en vapor (ver Figura 11).

¿Cómo reduzco la pérdida de calor por la evaporación en mi estufa?

➢ ¡Manteniendo las ollas bien tapadas mientras cocino!

Figura 11: Evaporación

2.5   OTRAS CONSIDERACIONES

Lógicamente, hay otros factores, más allá de los factores térmicos y energéticos que hemos repasado arriba, que influyen en la selección de materiales para nuestra estufa. Los materiales que usamos tienen que ser:

➢ **Durables:** lo suficientemente fuertes como para aguantar el calor y los golpes que sufrirán en el uso diario de una estufa, durante muchos años.

➢ **De bajo coste:** accesibles económicamente para que el coste final de la estufa este dentro del alcance de las personas.

➢ **Seguros:** es importante que los materiales que usamos no tengan compuestos químicos tóxicos que se liberen y perjudiquen a l@s usuari@s cuando se calientan o cuando la estufa está en uso.

➢ **Trabajables:** busquemos materiales que sean relativamente fáciles de trabajar para facilitar la construcción de la estufa.

3 COMPONENTES, MATERIALES Y COSTES

Este capítulo describe los componentes y materiales de la estufa Maya Petén. Si no encuentras materiales parecidos por tu zona, busca alternativas con propiedades térmicas y constructivas similares, que sean durables y de bajo coste.

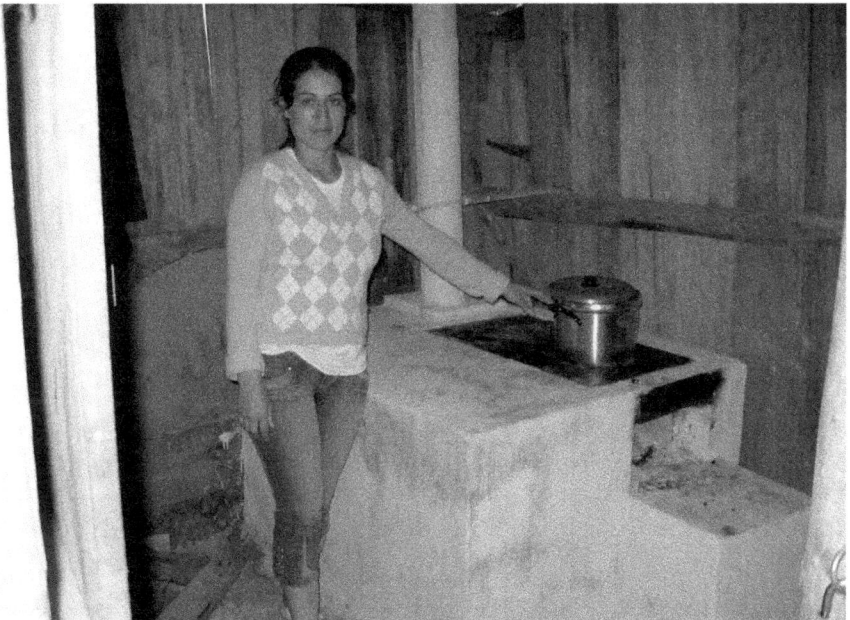

Figura 12:   Una estufa eficiente Maya Petén

Figura 13: Bloques de cemento y ladrillos

Figura 14: Bloques de tierra compactada

Los siguientes apartados presentan los componentes y materiales de la estufa Maya Petén.

3.1 PAREDES EXTERIORES

Las paredes exteriores de la estufa envuelven el material de relleno, la cámara de combustión y el material aislante. Sobre la caja se coloca la plancha metálica y la chimenea. Los materiales más adecuados son:

➢   Bloques de cemento

➢   Ladrillos

➢   Adobes o bloques de tierra compactada

➢   Piedras de mampostería

Ejemplos de estos materiales se encuentran en las Figura 13, Figura 14, y Figura 15. Por su relación precio-durabilidad-disponibilidad, los bloques de cemento son generalmente una buena opción. Se tienen que realizar algunos cortes de los bloques, para la entrada de aire de la cámara de combustión y la salida de humos.

3.2 CÁMARA DE COMBUSTIÓN

La cámara de combustión es el corazón de la estufa: contiene el fuego, mejorando su combustión y canalizando los gases de combustión hacía la plancha. Por la boca de la cámara, entra el aire fresco, que se calienta al pasar por el fuego. Los gases de combustión salen por la parte superior de la cámara, calentando la plancha, antes de salir por la chimenea. Lo más adecuado para la cámara son baldosas de cerámica (Figura 16).

Las baldosas soportan las altas temperaturas del fuego (aproximadamente 200 a 500 ºC), los golpes que pueden ocasionar la entrada brusca de leña en la cámara, y ofrecen una conductividad térmica media ($\lambda = 0.8$ W/m.K). Son relativamente fáciles de cortar, usando un esmeril angular.

Figura 15: Las paredes exteriores con bloques de cemento (cortesía de Silvestre Sales)

Figura 16: Cámara de combustión

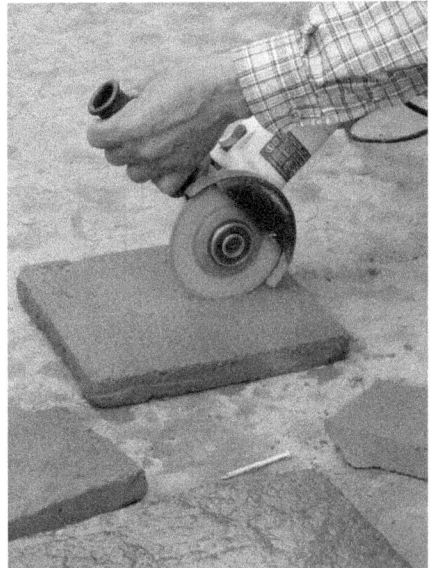

Figura 17: Cortando baldosas para la cámara de combustión con un esmeril angular

3.3 MATERIAL AISLANTE

El material aislante envuelve la cámara de combustión, reduce la cantidad de calor que se pierde hacía las paredes exteriores, ayudando a que el calor se transfiere mayoritariamente a la plancha (Figura 18). Este material aislante tiene que tener una baja conductividad térmica (como la ceniza o piedra pómez, ver Tabla 2).

3.4 PLANCHA

La plancha es el elemento que transfiere el calor del fuego a la comida que se está preparando. El material más adecuando es el acero, que tiene una alta conductividad térmica. Su desventaja reside en su alto coste: la plancha generalmente representa un 35% del coste global de la estufa.

Se recomienda que la plancha tenga un espesor de 4 a 6 mm. Con un grosor de menos de 4 mm la plancha durará poco tiempo; más de 6 mm y la plancha tarda más tiempo en calentarse y aumenta el coste de la estufa. El tamaño de la plancha, la cantidad de hornillas y los cortes de las hornillas, pueden variar según las necesidades de los usuarios y el presupuesto disponible (Figura 19 y Figura 20).

Figura 19: Una estufa Maya Petén con una plancha de una hornilla y un disco (cortesía de Silvestre Sales)

Figura 20: Plancha de dos hornillas con dos discos

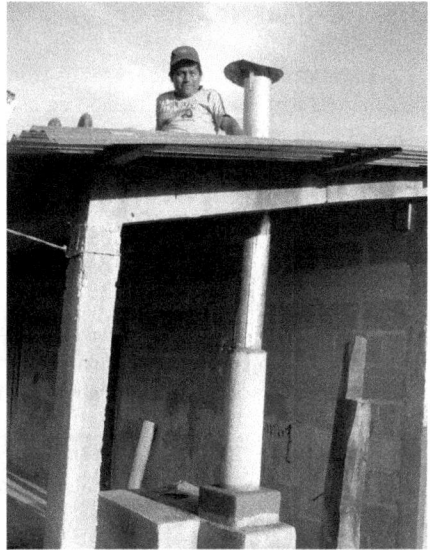

Figura 21: Chimenea con tubos de concreto y metal
(cortesía de Silvestre Sales)

Figura 22:   Chimenea con tubos de drenaje

3.5 CHIMENEA

La chimenea conduce los gases de combustión fuera de la cocina. Se puede usar un tubo de concreto para la primera sección de la chimenea, con la última sección de metal (Figura 21), o dos tubos de concreto de drenaje (Figura 22). Los tubos de drenaje suelen durar más que los tubos metálicos, con el inconveniente de que se rompen con mayor facilidad en el transporte.

3.6 COSTES

La Tabla 3 muestra la lista final de los materiales y un presupuesto ejemplo para una estufa (precios en USD$ para Guatemala, 2012):

Material	Cantidad	Precio unitario (US$)	Precio total (US$)	% del total
Arena (cubeta 20 l)	4	$1,29	$5,15	4%
Cemento (saco 50 kg)	1	$9,65	$9,65	7%
Baldosas	7	$0,64	$4,50	3%
Tubos para chimenea	2	$6,50	$13,00	9%
Bloques de cemento	38	$0,64	$24,45	17%
Plancha	1	$41,17	$41,17	29%
Herramientas	1	$5,00	$5,00	4%
Transporte	1	$6,43	$6,43	5%
Mano de obra	2	$12,87	$25,73	18%
Varios	1	$5,79	$5,79	4%
TOTAL			$141	

Tabla 3: Presupuesto de materiales

Una vez preparado el presupuesto, podemos hacer un análisis de costes. Esto nos sirve para ver donde podemos buscar ahorros y reducir el coste global de la estufa. La Figura 23 muestra un ejemplo, basado en el presupuesto de la Tabla 3.

Se puede ver que, en cuanto al coste de los materiales, la plancha (29 %), los bloques de cemento (17 %) y los tubos para la chimenea (9 %) constituyen 55 % del coste total de la estufa. En cado caso, busca la manera de reducir costes para que la estufa tenga un precio asequible para las personas.

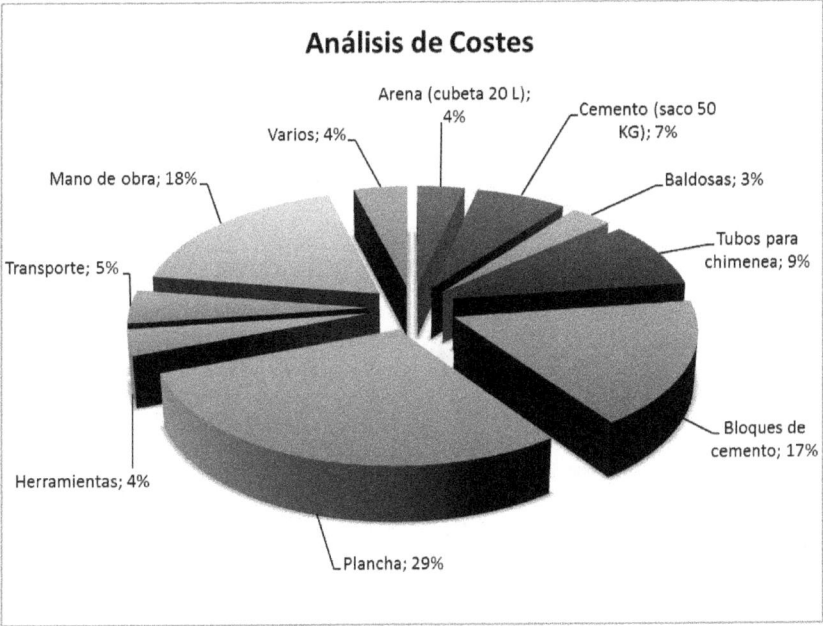

Análisis de Costes

- Arena (cubeta 20 L); 4%
- Cemento (saco 50 KG); 7%
- Varios; 4%
- Baldosas; 3%
- Mano de obra; 18%
- Tubos para chimenea; 9%
- Transporte; 5%
- Bloques de cemento; 17%
- Herramientas; 4%
- Plancha; 29%

Figura 23: Análisis de costes Análisis de costes

4 Diseño y construcción

En este capítulo repasaremos el diseño y la construcción de la estufa Maya Petén. Su diseño combina elementos de la estufa cohete, la estufa plancha, la estufa "Doña Justa", y la estufa ONIL de plancha. Si entiendes los conceptos presentados aquí, podrás adaptar el diseño de la estufa a tu manera, para que funcione bien y para que tenga la mayor posibilidad de aceptación por l@s usuari@s.

La Figura 25 muestra una imagen en 3D de la estufa cuyo diseño se presenta aquí.

Figura 24: Explicando el diseño de la estufa Maya Petén, Intag, Ecuador

Figura 25: Imagen en 3D de la Estufa Maya Petén

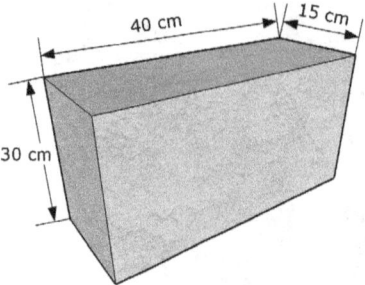

Figura 26: Dimensiones de un bloque para las
paredes exteriores

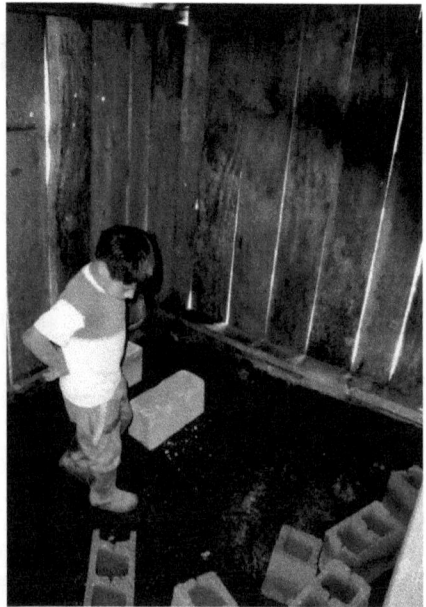

Figura 27: El coordinador de construcción revisando
la nivelación

4.1 PAREDES EXTERIORES, RELLENO Y CARGADOR

Las dimensiones de las paredes exteriores irán en función del tamaño de la plancha (ver el Apartado 4.5) y las dimensiones de los bloques. El diseño presentado aquí cuenta con bloques con dimensiones 30 cm x 40 cm x 15 cm (alto, largo, ancho), mostradas en la Figura 26. Hay que preparar el lugar donde se va a levantar la estufa, asegurando que quede bien anivelado (Figura 27). Si se construye la estufa en la esquina de una estancia o al lado de una pared, se puede reducir la cantidad de bloques que se necesita para la construcción.

Las dimensiones de las paredes exteriores se muestran en la Figura 28 y Figura 29.

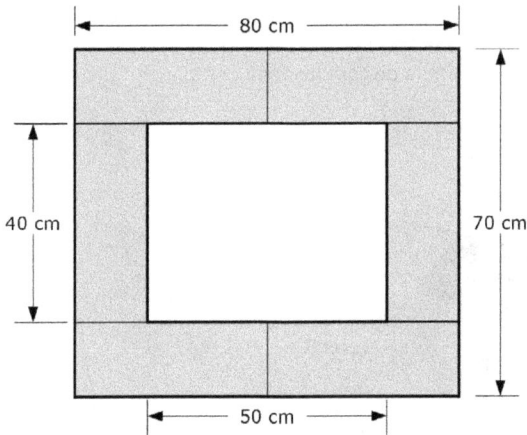

Figura 28: Dimensiones de las paredes exteriores y hueco interior, vista en planta

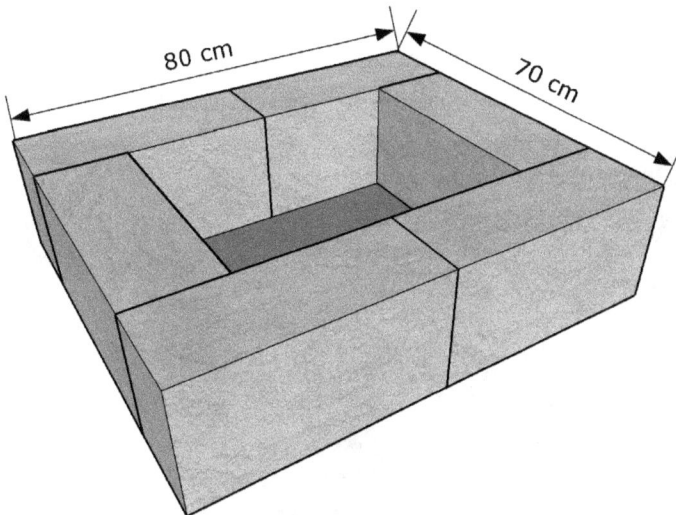

Figura 29: Dimensiones de las paredes exteriores, vista en 3D

Se requieren dos hiladas de bloques para llegar a una altura de aproximadamente 40 cm (Figura 30). Hay que recortar dos bloques con una anchura de ≈ 10 cm y otros dos con una anchura de ≈ 30 cm para completar la segunda hilada (Figura 30). Los bloques se pegan casi en seco, con muy poco mortero, para reducir material y costes.

Una vez levantadas las primeras dos hiladas, se puede construir el cargador. El cargador consiste en dos hiladas de bloques, y dos bloques recortados con una altura de ≈ 6 cm (Figura 32). El material de relleno (tierra o similar) se coloca en el hueco y se compacta (Figura 32).

Al finalizar la tercera hilada de bloques, se rellena el hueco con ≈ 4 cm de material aislante, para aislar por debajo de la cámara. El material aislante se muestra en la Figura 33 (lógicamente en la construcción se coloca la tercera hilada de bloques primero y el material aislante después). En la terca hilada, hay que cortar dos piezas de bloque de ≈ 8 cm (Figura 34). ¡Ya estamos listos para la cámara de combustión!

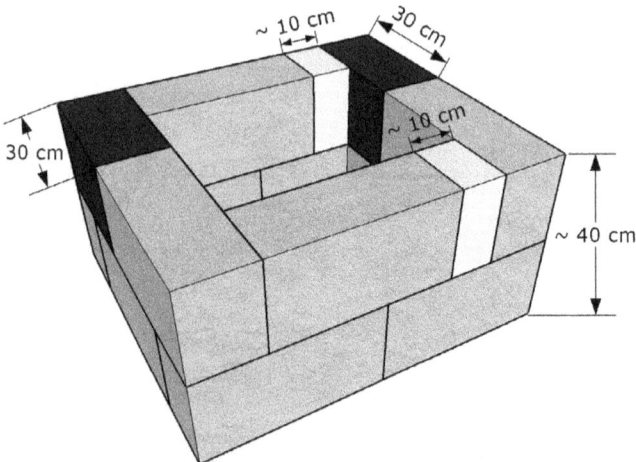

Figura 30: Recortes de bloques segunda hilada

Figura 31: Cortando un bloque con un esmeril angular, Intag, Ecuador

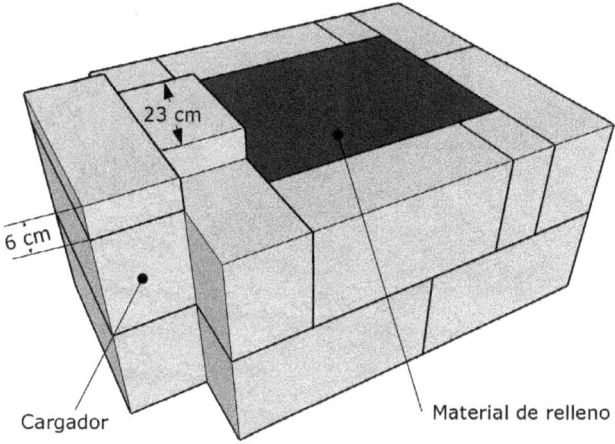

23 cm

6 cm

Cargador

Material de relleno

Figura 32: Cargador y relleno

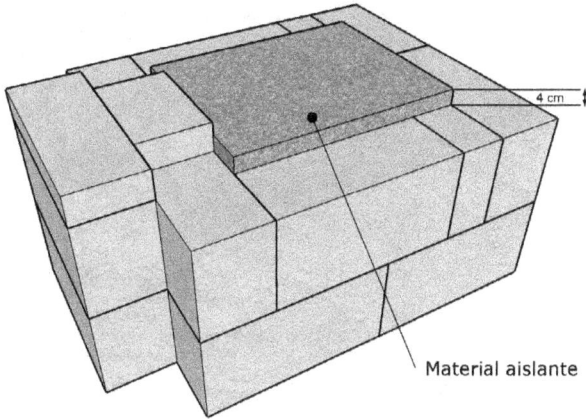

4 cm

Material aislante

Figura 33: Material aislante por debajo de la cámara

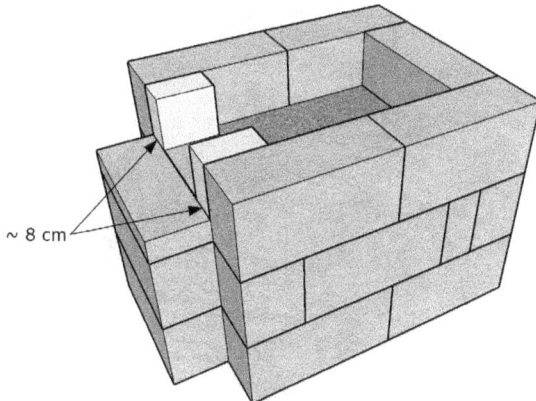

~ 8 cm

Figura 34: Tercera hilada

Figura 35: Baldosa de cerámica

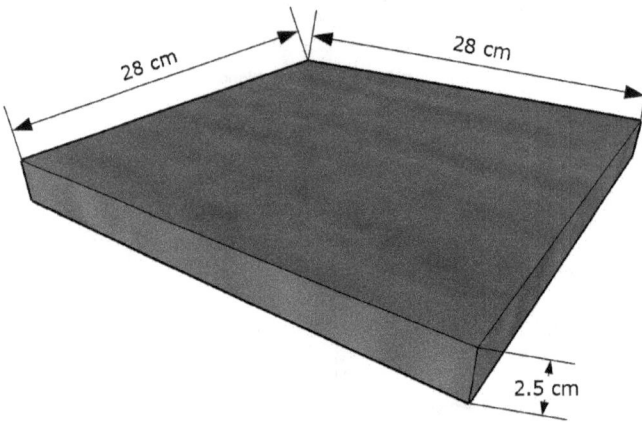

Figura 36: Dimensiones de una baldosa

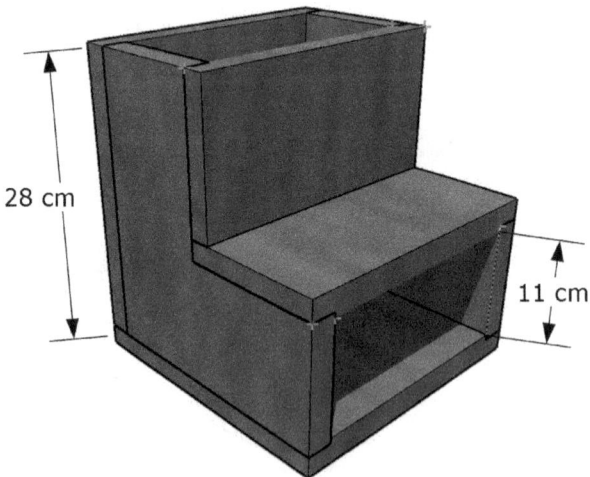

Figura 37: Relación ≈ 1 : 2.5 entre la altura de la boca y torre

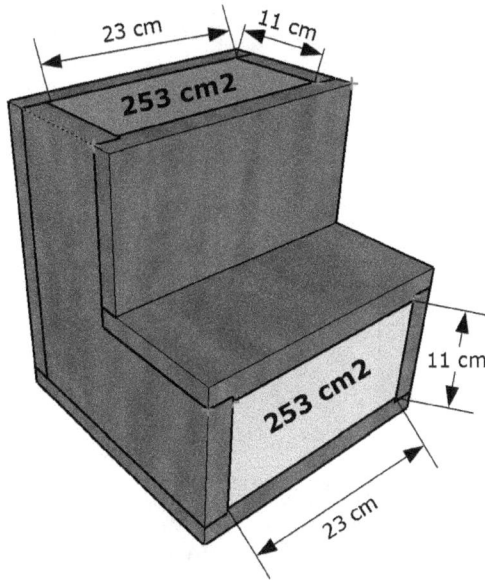

Figura 38: Equivalencia en el área seccional de la boca y salida

4.2 CÁMARA DE COMBUSTIÓN

Para la cámara de combustión, se necesita un material accesible en el mercado local y de bajo coste, que soporte las altas temperaturas del fuego, y los golpes por la inserción de leña. Una buena solución son las baldosas cerámicas para suelos. Estas baldosas generalmente miden 28 cm x 28 cm, por 2.5 cm de grosor (Figura 35, Figura 36).

4.2.1 Relación de altura boca – torre

La relación entre la altura de la boca y la torre de la cámara de combustión tiene que ser aproximadamente:

➢   1 : 2.5

La relación es necesaria para que la estufa tire bien y para tener una combustión más eficiente dentro de la cámara. Para dar un ejemplo, si la boca de la cámara tiene una altura de 10 cm, la torre tiene que tener una altura de 25 cm. Si tenemos baldosas con las dimensiones mostradas en la Figura 36, el mejor diseño es tener una altura de 11 cm en la boca y dejar los 28 cm de altura en la torre (Figura 37). Así se reduce la cantidad de cortes que tenemos que hacer con las baldosas y aprovechamos al máximo el material.

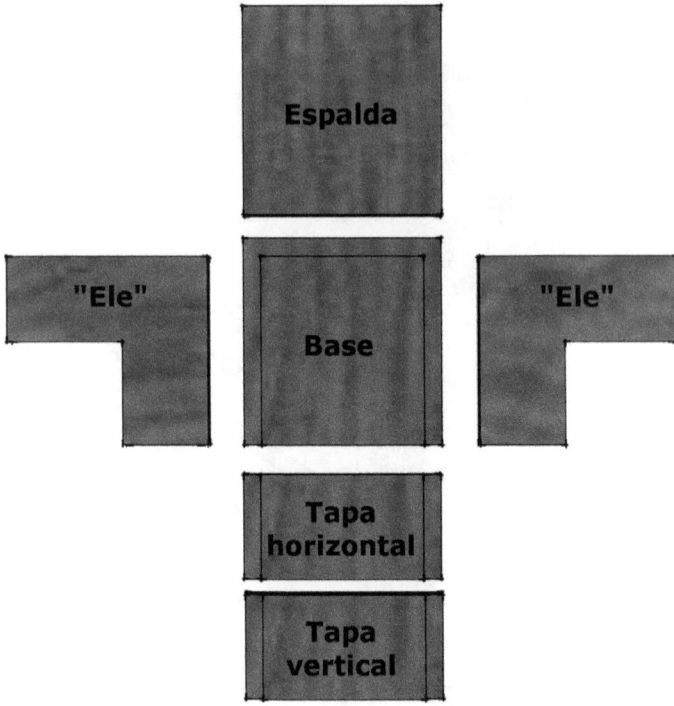

Figura 39: Piezas de la cámara de combustión

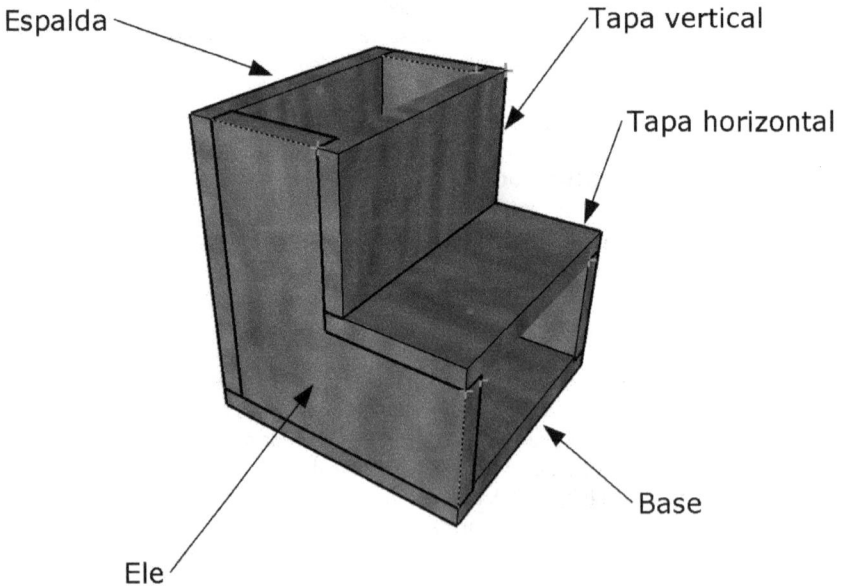

Figura 40: Piezas de la cámara de combustión

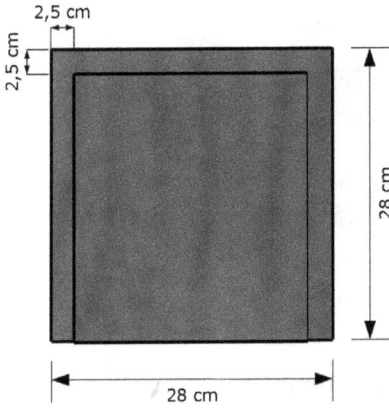

Figura 41: Cortes y medidas Base

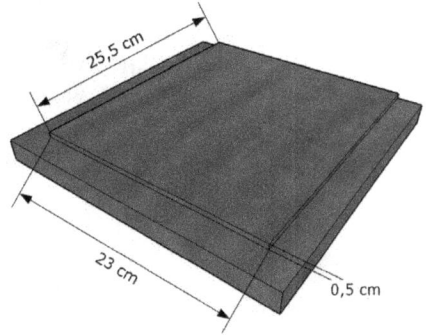

Figura 42: Rebajadas Base

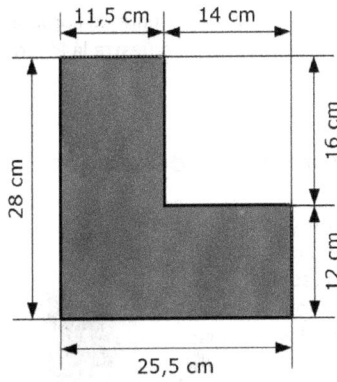

Figura 43: Cortes y medidas Ele's

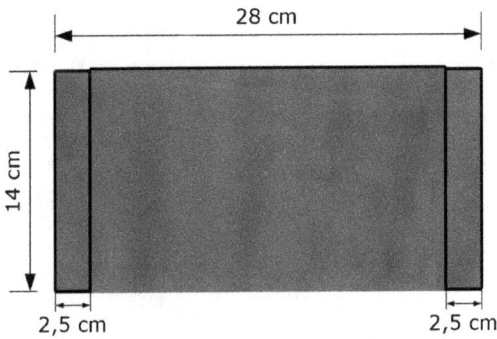

Figura 44: Cortes y medidas Tapa

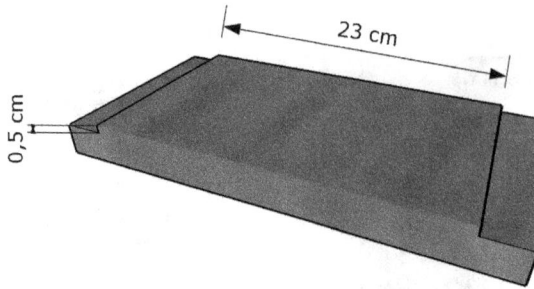

Figura 45: Rebajadas Tapa

4.2.2 Velocidad constante de los gases de combustión

La eficiencia de la estufa será mayor si la velocidad de los gases de combustión se mantiene constante durante su paso por la estufa. Cambios en la velocidad de los gases de combustión resultan en pérdidas energéticas. Para mantener una velocidad constante de los gases, es necesario que el área seccional, desde la boca de la estufa hasta la salida por la chimenea, sea igual. En lo que se refiere a la cámara de combustión, la boca y la salida tienen que tener la misma área seccional, tal y como muestra la Figura 38.

4.2.3 Piezas para la cámara de combustión

La cámara de combustión consiste en 6 piezas (Figura 39). La única pieza que no requiere ningún corte es la Espalda. Para cumplir con las pautas de diseño explicadas arriba, e usando baldosas con las medidas señaladas, las dimensiones y los cortes de las 6 piezas que conforman la cámara de combustión se muestran a continuación. Las rebajadas sirven para que las piezas encajen uno con otro, dando fuerza estructural a la cámara.

Las piezas de la cámara de combustión se pueden cortar y rebajar con un esmeril angular (...). Remoja primero las baldosas y generarás menos polvo. Una vez preparadas las piezas, podemos ensamblar la cámara e instalarla dentro del hueco (Figura 47, Figura 48).

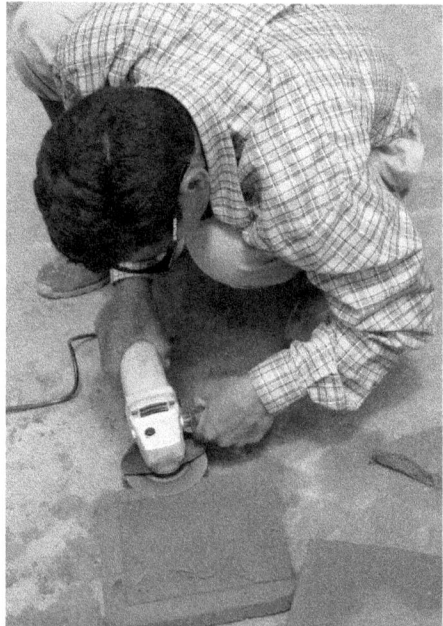

Figura 46: Rebajando una baldosa con un esmeril angular

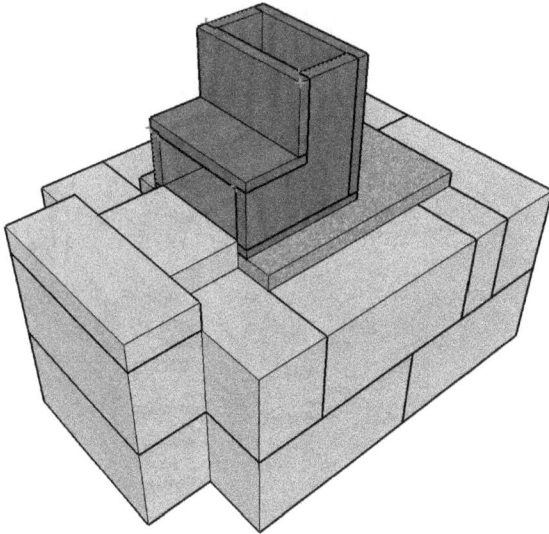

Figura 47: Cámara de combustión, segunda hilada

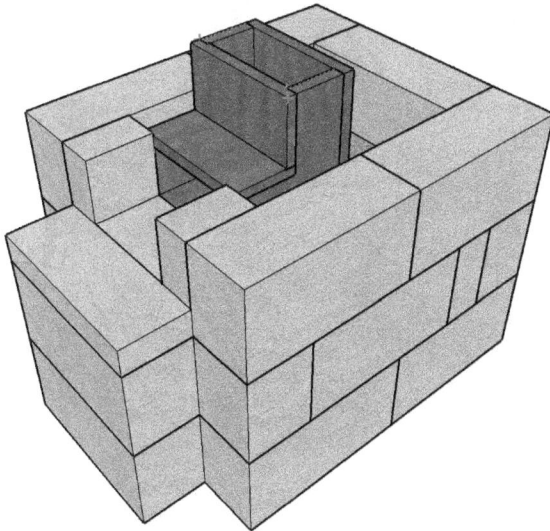

Figura 48: Cámara de combustión, tercera hilada

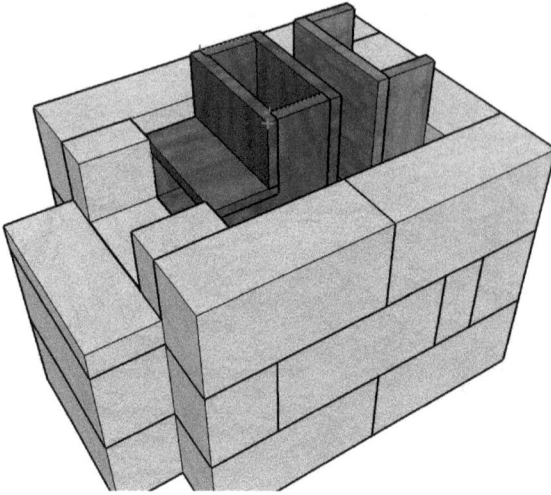

Figura 49: Cámara de combustión y salida

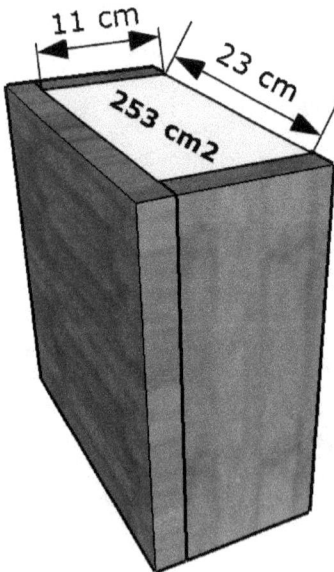

Figura 50: Dimensión y área seccional salida

Para mejorar la combustión de la cámara, es recomendable fabricar una parrilla, para levantar los troncos de leña del suelo de la cámara, permitiendo el paso de aire y contribuyendo a una combustión más eficiente. El suelo de la cámara se llena rápidamente de ceniza y obstaculiza el paso de aire fresco.

4.3   SALIDA

La salida conduce los gases de combustión hacía la chimenea, después de pasar por debajo de la plancha. Consiste en tres baldosas que forman un conducto para conducir los gases hacia la chimenea.

Para mantener un área seccional constante, la salida tiene que tener la misma área que la entrada y salida de la cámara de combustión. Para el diseño presentado aquí, son 253 cm^2 (Figura 50).

Hay que realizar un recorte en el bloque que permita el paso de los gases de combustión hacia el exterior (Figura 52).

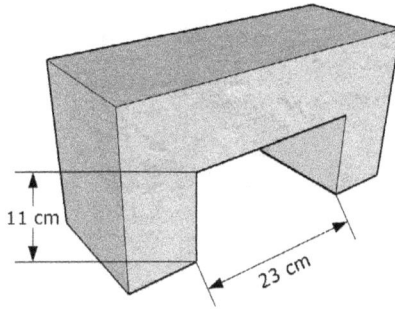

Figura 51: Recorte bloque de salida

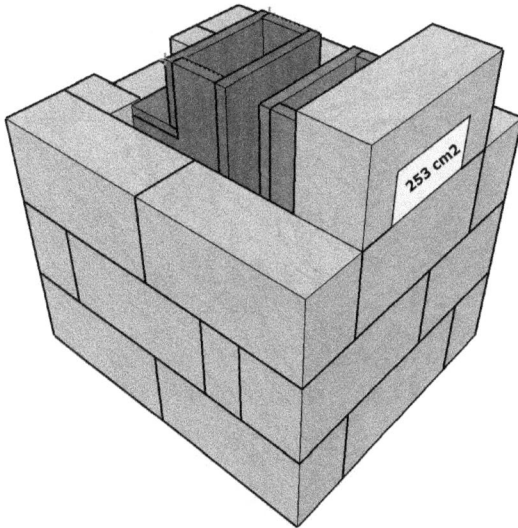

Figura 52:   Bloque de salida

Material aislante

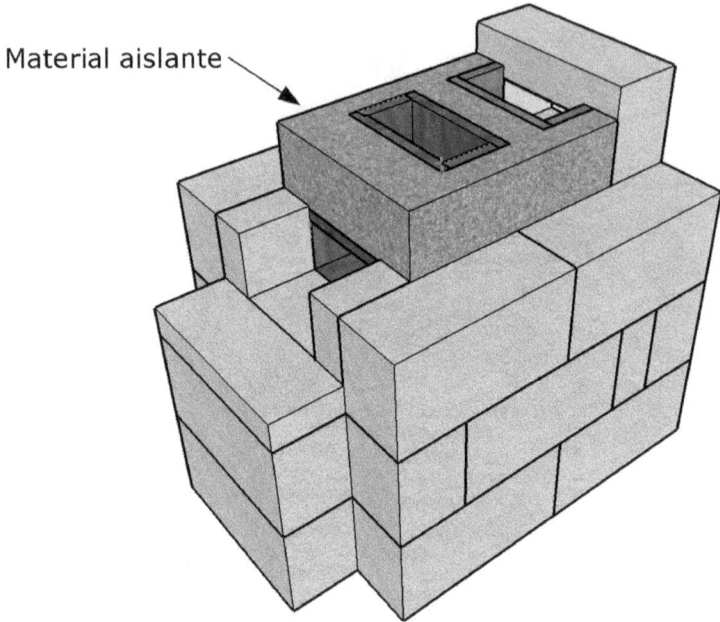

Figura 53: Material aislante

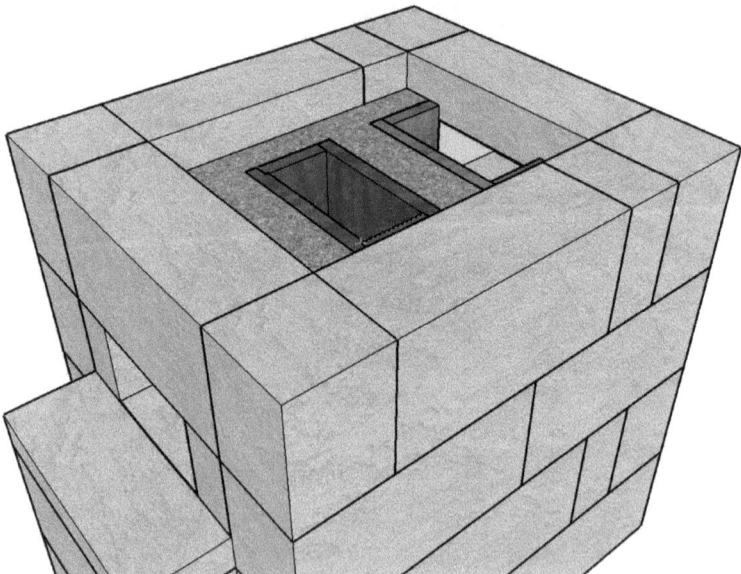

Figura 54: Cuarta hilada de bloques con material aislante

4.4 MATERIAL AISLANTE

Para reducir la pérdida de calor hacías las paredes exteriores, es necesario aislar alrededor de la cámara de combustión, con ceniza o piedra pómez, o un material con una baja conductividad térmica (ver Capitulo 2). A efectos de explicación, el material aislante se muestra en la Figura 53. Lógicamente se coloca la cuarta hilada de bloques primero, y después se rellena con material aislante, para que la cámara de combustión quede aislada (Figura 54).

Para mantener un área seccional constante, el espacio por debajo de la plancha debería tener una altura de aproximadamente 6.5 cm. Con una anchura de ≈ 40 cm, esto nos da un área seccional de 260 cm2, muy cerca de los 253 cm² que tenemos en la salida (...).

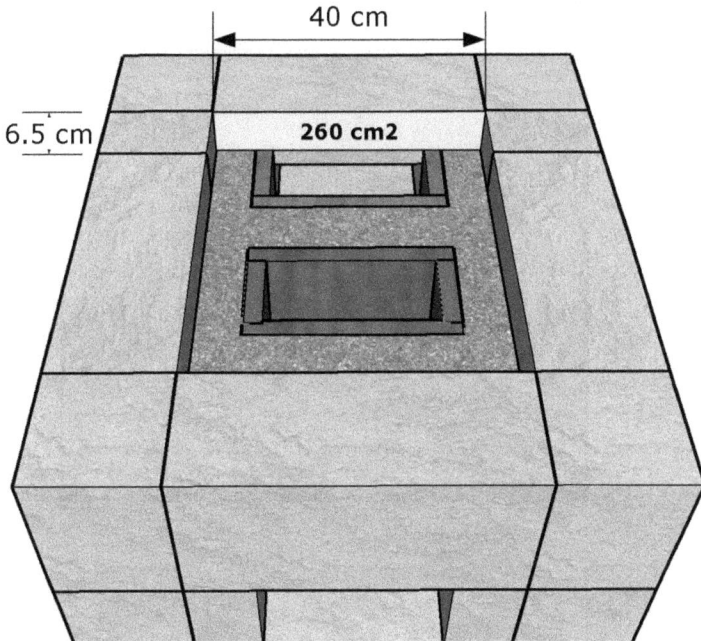

Figura 55: Área seccional del espacio por debajo de la plancha

4.5 PLANCHA

Las dimensiones de la plancha y la cantidad de hornillas pueden variar según las necesidades de los usuarios y el presupuesto. Para el diseño de estufa presentado aquí, las dimensiones de la plancha de muestran en la Figura 56. Es importante que la hornilla se ubique justo por encima de la salida de la cámara de combustión, para que la mayor cantidad de calor pase del fuego a la olla.

Hay que perforar un agujero en el centro de la hornilla y fabricar un gancho para que l@s usuari@s puedan levantar las hornillas cuando la plancha está caliente (Figura 58).

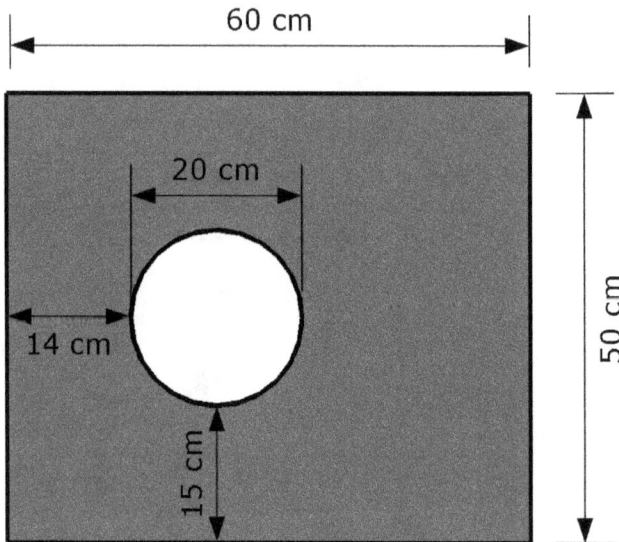

Figura 56: Dimensiones plancha

Figura 57: Ubicación de la hornilla por encima de la salida de la cámara

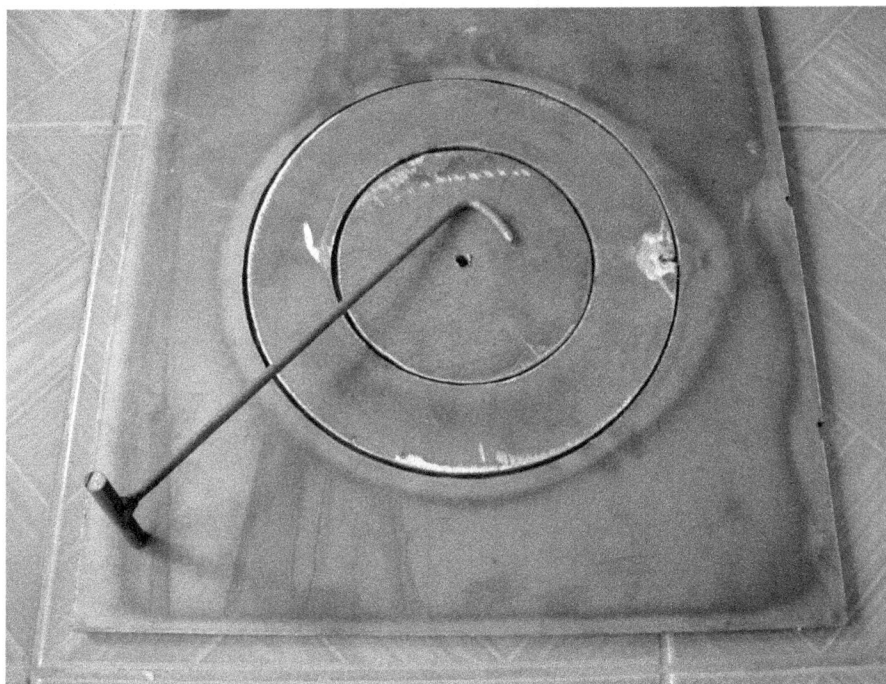

Figura 58: Gancho para levantar las hornillas

4.6 CHIMENEA

Para la base de la chimenea, hay que levantar 3 hiladas de bloques. Hay que cortar los bloques señalados en la Figura 59 a aproximadamente 11 cm.

En la cuarta hilada, hay que dejar un hueco para la limpieza de hollín (Figura 60). El hueco se puede ubicar en distintos lados de la estufa, según su instalación y la facilidad de acceso.

El hueco que queda para la salida de los gases de combustión ahora mide 11 cm por 23 cm, dando un área seccional igual que antes: 253 cm^2 (Figura 61).

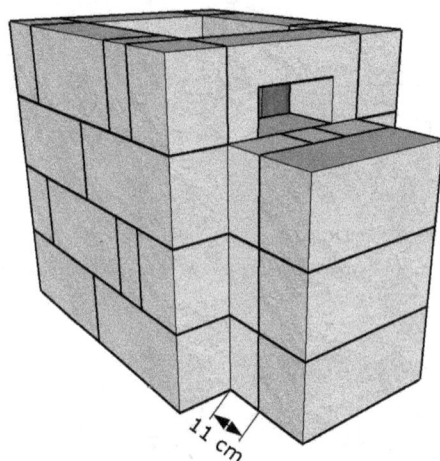

11 cm

Figura 59: Base de la chimenea

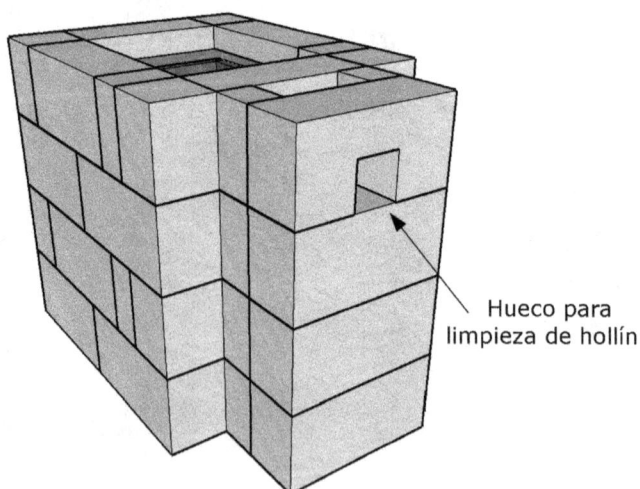

Hueco para limpieza de hollín

Figura 60: Hueco para limpieza de hollín

253 cm2

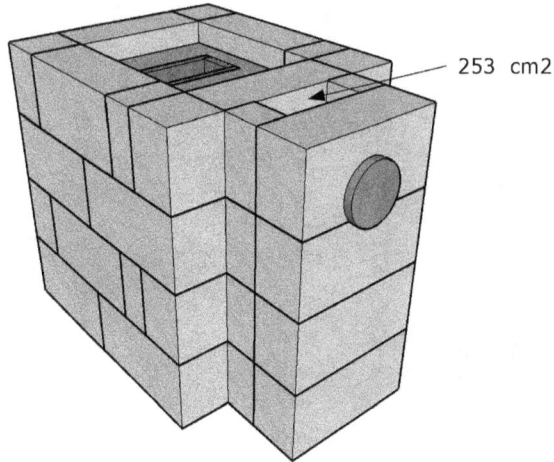

Figura 61: Área seccional de la entrada a la chimenea

Si usas un tubo de drenaje para la chimenea, procura encontrar uno que tenga un diámetro interior de aproximadamente 18 cm. De esta manera, la chimenea tendrá un área seccional de 255 cm² (Figura 62). El cálculo es así:

> Área de un circulo (**a**) = $\pi * r^2$

Dónde:

> $\pi = 3.142$

> $r = 9$

De manera que:

> **a** = $3.142 * 9^2$

> a = $3.142 * 81$

> a = **255 cm²**

255 cm2

18 cm

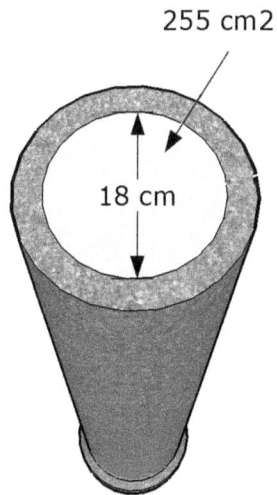

Figura 62: Área seccional de la chimenea

Figura 63: Acabado final con cemento blanco (cortesía de Silvestre Sales)

4.7 ACABADO FINAL

Una vez construida la estufa lo único que falta es el acabado final. El acabado se puede realizar con una mezcla de cemento blanco y agua, dando una estética limpia y sellando alrededor de la plancha para su fijación y para evitar que se escapen los gases de combustión (Figura 63).

También se puede realizar el acabado con azulejos, que ofrece un resultado mejor y más durable pero que aumento el coste y tiempo de construcción (Figura 64).

4.8 ALTERNATIVAS DE DISEÑO

El diseño y los materiales presentados arriba pueden tener ciertos inconvenientes, según la disponibilidad de materiales en tu zona, el coste de la mano de obra, el volumen de producción y las preferencias de l@s usuari@s. Sin embargo, respetando los conceptos de diseño de este Capítulo y seleccionando los materiales con las propiedades térmicas señaladas en el Capítulo 2, existe la posibilidad de una gran variedad de diseños finales con diversos materiales.

Figura 64: Acabado final con azulejos

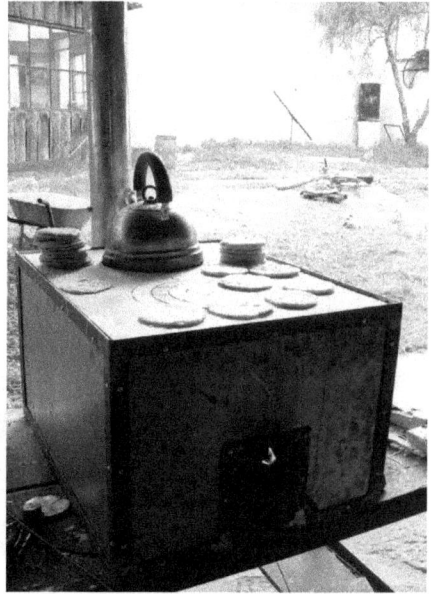

Figura 65: Estufa AIDG de metal
(cortesía de Ben Dana, AIDG)

Por ejemplo, se puede fabricar el cuerpo de la estufa de metal, sobre una base movible. La Figura 65 muestra un ejemplo de un diseño de este tipo, desarrollado por Ben Dana de la asociación AIDG:

Otro ejemplo es la estufa ONIL de Plancha desarrollada por la ONG HELPS International (Figura 66).

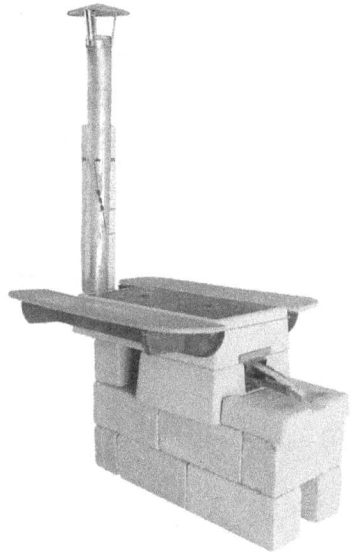

Figura 66: Estufa ONIL de plancha
(cortesía de HELPS International)

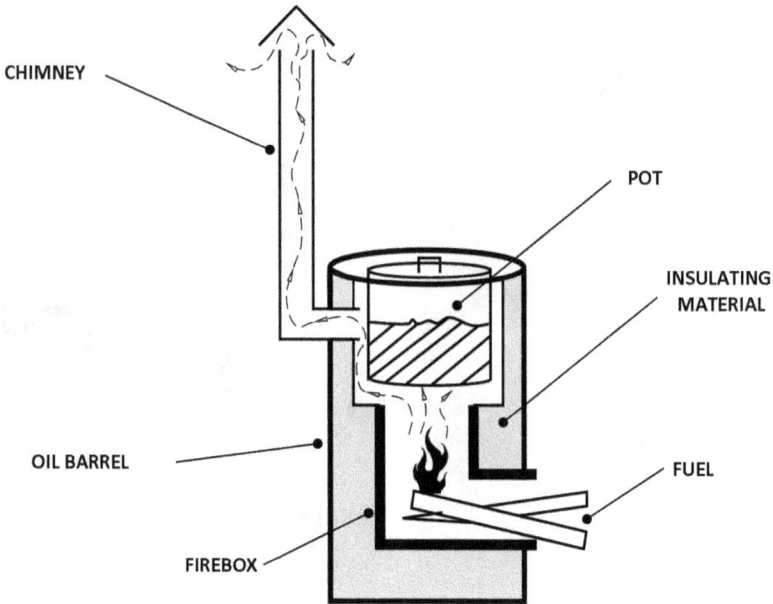

CHIMNEY

POT

INSULATING MATERIAL

OIL BARREL

FUEL

FIREBOX

Figura 67: Estufa cohete de barril

Otra alternativa, en principio más eficiente (que también conduce el humo fuera de la cocina) es la estufa cohete de barril (...).

La ventaja de estos diseños está en la producción en serie y la pre-fabricación de las piezas de la estufa. Esto ayuda a garantizar la calidad, reduce el tiempo de construcción y costes, y aumenta el potencial de volumen de las estufas instaladas. Para cualquier diseño y método de construcción, recuerda que las estufas con para las personas, no para redactar informes, justificar proyectos y subvenciones y hablar de grandes números. Involucra a l@s usuari@s finales en el proyecto y realiza una evaluación y un ensayo de eficiencia térmica (descrita a continuación) como parte de un proceso de mejora continua.

5 Operación, mantenimiento, y ensayo de eficiencia térmica

5.1 Operación y mantenimiento

La operación y el mantenimiento de la estufa Maya Petén es cuestión de aplicar un poco de sentido común, respetando los siguientes puntos:

➢ **Puesta en marcha:** esperar 8 días después de la construcción, remojando diariamente el cemento del acabado final para su fraguado y endurecimiento.

➢ **Choques térmicos:** no mojar la plancha o la cámara cuando está caliente y cuando la estufa está en uso. Los choques térmicos pueden provocar la deformación de la plancha o una ruptura catastrófica de las baldosas de la cámara.

➢ **Ollas y sartenes:** aconsejar a l@s usuari@s de usar ollas metálicas en lugar de cerámicas, ya que conducen mejor el calor y se usará menos combustible.

➢ **Limpieza de la chimenea:** realizar una limpieza de los tubos de la chimenea cada 5 meses. Realizar una inspección visual de los tubos y reemplazar en caso de que sea necesario.

➢ **Plancha:** lavarla en las mañanas, cuando este fría.

➢ **Material aislante:** revisar que el nivel del material aislante que se encuentra por debajo de la plancha no ha bajado con el tiempo. Rellenar al nivel indicado en caso de que sea necesario.

➢ **Inserción de leña:** aconsejar a l@s usuari@s de tener cuidado al momento de insertar troncos de leña en la cámara.

5.2 Ensayo de eficiencia térmica

Para comprobar la eficiencia térmica de la estufa, es importante realizar un ensayo de eficiencia térmica. A continuación se describe una versión simplificada de un ensayo de eficiencia térmica desarrollada por la Universidad de California Berkeley, basada en la Vita International Standard Water Boiling Test, difundido por el Aprovecho Research Center.

El ensayo consiste en hervir agua y realizar una serie de mediciones de la cantidad de leña que se usó y el tiempo de ebullición. El resultado final indica la eficiencia térmica de la estufa. La Figura 69 y Figura 70 contienen la Hoja de Registro y la Hoja de Cálculo para registrar los datos de los ensayos y realizar los cálculos de eficiencia. El ensayo se realiza en tres partes, consecutivamente:

1. Arranque en frio

2. Arranque caliente

3. Fuego lento

El primer ensayo se realiza con la estufa fría, después de haber estado sin uso durante al menos 24 horas. El segundo se realiza al acabar el ensayo de arranque en frio. Al final, se realiza el tercero, a fuego lento. Es necesario hacer el ensayo en un lugar protegido del viento, y requiere lo siguiente:

➢ 30 kg de leña secada al aire libre

➢ 1 bascula con capacidad ≥ 6 kg y una resolución de 1 gramo

➢ 1 tampón resistente al fuego para proteger la bascula

➢ 1 termómetro digital, con 1 sonda para medir la temperatura de líquidos y un soporte para insertar la sonda en agua en ebullición

➢ 1 temporizador

➢ 1 olla (sin tapa)

➢ 1 espátula y 1 recogedor para extraer carbón y brasas

➢ 1 charola metálica para pesar el carbón / brasas

➢ 1 par de guantes resistentes al fuego

➢ 3 fardos de leña:

    #1: Arranque en frio: ≈ 2 kg

    #2: Arranque caliente: ≈ 2 kg

    #3: Fuego lento: : ≈ 5 kg

5.2.1   Inicio del test

a.   Mide la temperatura del aire y anota el resultado

b.   Pesa la olla, sin tapa, y anota el resultado

c.   Pesa la charola metálica para el carbón / brasas, y anota el resultado

d.   Prepara y etiqueta los 3 fardos de leña (2 kg / 2 kg / 5 kg). Usa troncos de aproximadamente el mismo tamaño, y anota sus dimensiones.

5.2.2   Ensayo # 1: Arranque en frio

1.   Llena la olla con 5 litros de agua @ ≈ 20ºC, pesa la olla con agua y anota el resultado

2.   Insertar el termómetro digital en el agua, en el centro de la olla, 5 cm del fondo. Anotar la temperatura

3.   Enciende el fuego con el fardo # 1, sin un uso excesivo de leña.

4.   Una vez encendido el fuego, inicia el temporizador

5.   Cuando el agua alcanza la temperatura de ebullición:

    a.   Anota el tiempo, mide la temperatura del agua y anota el resultado.

    b.   Saca la leña de la estufa y apaga las llamas. Quita el carbón de los troncos.

    c.   Pesa la leña no quemada de la estufa y la leña que aún no se ha usado y anota.

    d.   Pesa la olla con al agua y anota el resultado

    e.   Saca las brasas y el carbón de la estufa, y junto con el carbón de los troncos, pesa y anota el resultado.

    f.   Sigue con el ensayo # 2: Arranque en caliente, sin dejar que se enfríe la estufa.

5.2.3   Ensayo # 2: Arranque en caliente

1.   Llena la olla con 5 litros de agua, pesa la olla con agua y anota el resultado. Mide la temperatura del agua y anota el resultado.

2.   Enciende el fuego con el fardo # 2, sin un uso excesivo de leña.

3.   Una vez encendido el fuego, inicia el temporizador

4.   Cuando el agua alcanza la temperatura de ebullición:

   a.   Anota el tiempo, mide la temperatura del agua y anota el resultado.

   b.   Saca la leña de la estufa y apaga las llamas. Quita el carbón de los troncos.

   c.   Pesa la leña no quemada de la estufa y la leña que aún no se ha usado y anota.

   d.   Pesa la olla con al agua y anota el resultado

   e.   Saca las brasas y el carbón de la estufa, y junto con el carbón de los troncos, pesa y anota el resultado.

   f.   Seguir inmediatamente con el ensayo # 3: Fuego lento, sin dejar que se enfríe la estufa.

Figura 68: Una estufa Maya Petén con dos meses de uso, Intag, Ecuador

5.2.4 Ensayo # 3: Fuego lento

1. Anota el peso del fardo #3 de 5 kg

2. Llena la olla con 5 litros de agua, pesa la olla con agua y anota el resultado. Mide la temperatura del agua y anota el resultado.

3. Una vez encendido el fuego, inicia el temporizador

4. Cuando el agua alcanza la temperatura de ebullición:

   a. Anota el tiempo, mide la temperatura del agua en la olla y anota el resultado.

   b. Coloca la olla de nuevo sobre el fuego.

   c. Pesa lo que queda de la leña y anota el resultado.

   d. Coloca el termómetro en el agua y regula el fuego, manteniendo la temperatura del agua lo más cerca posible a 3 °C menos que la temperatura de ebullición.

5. Mide la temperatura del agua y anota el resultado.

6. Anota el tiempo y durante 45 minutos regula el fuego para que la temperatura del agua se mantenga lo más cerca posible a 3 °C menos que la temperatura de ebullición.

7. Después de 45 minutos:

   a. Anota el tiempo (debería de ser 45 minutos)

8. Mide la temperatura del agua y anota el resultado.

   a. Saca la leña de la estufa y apaga las llamas. Quita el carbón de los troncos.

   b. Pesa la leña no quemada de la estufa y la leña que aún no se ha usado y anota.

   c. Pesa la olla con el agua y anota el resultado

   d. Saca las brasas y el carbón de la estufa, y junto con el carbón de los troncos, pesa y anota el resultado.

Las temperaturas del agua para el ensayo #3 pueden variar ligeramente, pero es importante mantener la temperatura del agua lo más cerca posible a 3 °C menos que la temperatura de ebullición. Si baja a 6 °C menos el ensayo quedará invalidado. Evitar cortar los troncos en piezas más pequeñas para regular el fuego.

Para tener un resultado de mayor precisión, se recomienda repetir tres veces los 3 ensayos.

5.2.5   Análisis de resultados

➢ Calcula el tiempo para llegar a la ebullición para el ensayo de arranque en frio, en caliente, y para llegar a la ebullición en el ensayo a fuego lento

➢ Calcula el peso de la leña usada en cada ensayo, restando la leña que queda del ensayo del peso inicial.

➢ Calcula la cantidad de agua perdida en cada fase restando el peso del agua final del peso inicial.

➢ Haz lo mismo para el carbón y las brasas que es producen.

➢ Usa los resultados para calcular la eficiencia de la estufa.

En la **¡Error! No se encuentra el origen de la referencia.** y **¡Error! No se encuentra el origen de la referencia.** se presentan la Hoja de Registro para anotar las mediciones, y la Hoja de Cálculo para calcular los resultados finales.

HOJA DE REGISTRO: Ensayo de Eficiencia Térmica

FECHA

Temperatura de ebullición

Temperatura del aire

Dimensiones troncos

Peso olla

Peso charola carbón

ENSAYO NUMERO

ESTUFA

Notas:

	1: ARRANQUE EN FRÍO Fardo 2kg		2: ARRANQUE CALIENTE Fardo 2kg		3: FUEGO LENTO EBULLICIÓN Fardo 5kg		3: FUEGO LENTO 45 minutos	
	Inicio	Fin	Inicio	Fin	Inicio	Fin	Inicio	Fin
Tiempo	A	B	C	D	E	F		
Peso madera	G	H	I	J	K	L		M
Temperatura agua olla								
Peso olla + agua	N	O	P	Q	R	S		T
Peso leña para encender								
Peso carbón y charola		U		V				W

Figura 69: Hoja de Registro para ensayo de eficiencia térmica

HOJA DE CÁLCULO: Ensayo de Eficiencia Térmica

FECHA [   ]   ENSAYO NUMERO[   ]   ESTUFA [   ]

Tiempo a ebullición

[   ] = B - A = Tiempo a ebullición, Arranque en frío, fase alta potencia

[   ] = D - C = Tiempo a ebullición, Arranque caliente, fase alta potencia

[   ] = F - E = Tiempo a ebullición, Fuego lento

Consumo de leña

[   ] = G - H = Consumo de leña, Arranque en frío, fase alta potencia

[   ] = I - J = Consumo de leña, Arranque caliente, fase alta potencia

[   ] = K - L = Consumo de leña, llegando a ebullción, Fuego lento

[   ] = L - M = Consumo de leña, Fuego lento

Agua convertida en vapor

[   ] = N - O = Agua convertida a vapor, Arranque en frio, fase alta potencia

[   ] = P - Q = Agua convertida a vapor, Arranque caliente, fase alta potencia

[   ] = R - S = Agua convertida a vapor, llegando a ebullción, Fuego lento

[   ] = S - T = Agua convertida a vapor, Fuego lento

Carbón creado

[   ] = U - Y = Carbón creado durante Arranque en frio, fase alta potencia

[   ] = V - Y = Carbón creado durante Arranque caliente, fase alta potencia

[   ] = W - V = Carbón creado o quemadodurante la fase Fuego lento

Si este número es positivo, se creó carbón addicional durante la fase Fuego Lento
Si este número es negativo, se quemó carbón durante la fase Fuego Lento

Figura 70: Hoja de Cálculo para ensayo de eficiencia térmica

6 BIBLIOGRAFÍA

Baldwin S.F. (1986), *Biomass Stoves: Engineering Design, Development, and Dissemination*, Princeton University, VITA, Virgnia 22209, E.E.U.U.

Bryden Dr. M., Still D., Scott P, Hoffa G., Ogle D., Bailis R., Goyer K. (2006), *Design Principles for Wood Burning Cook Stoves,* Aprovecho Research Center, Shell Foundation, Partnership for Clean Indoor Air. Cottage Grove, OR 97424, E.E.U.U.

CIBSE (2006), *CIBSE Guide A: Environmental Design,*CIBSE Publications, Reino Unido.

Dana B. (2009), *Design manual Rocket Box Cook Stove*, AIDG Appropriate Infrastructure Development Group. Providence, RI 02909 E.E.U.U.

FAO (1993), *Improved solid biomass burning cookstoves: a development manual*, Regional wood energy development programme in Asia GCP/RAS/154/NET. FAO Regional Wood Energy Development Programme in Asia, Bangkok, Thailand.

Scott P., *Una guía simple para construir la Estufa Justa,* Aprovecho Research Center, Shell Foundation, Partnership for Clean Indoor Air. Cottage Grove, OR 97424, E.E.U.U.

7 SOBRE EL AUTOR

Oliver Style trabajó felizmente durante 10 años en México, Colombia y el Ecuador, atacado repetidamente por mosquitos, implementando programas de formación y proyectos de sistemas fotovoltaicos autónomos, cocinas eficientes de biomasa, y sistemas de abastecimiento de agua, con la ONG Concern America. Radicado en Barcelona, Espanya, trabaja como consultor para los programas de tecnología apropiada de Concern America, paralelamente con su trabajo como diseñador Passivhaus.